真朋友，假朋友

给青春期女孩的友谊指南

[美] 杰西卡·斯佩尔（Jessica Speer）著

颜玮 译

U0336474

机械工业出版社
CHINA MACHINE PRESS

友谊是一个永恒的话题，有时候是很难驾驭的，即使对成年人来说也是如此。青春期女孩比较敏感，自身关注点正处于从家人转向同龄人的时期。在这个过程中，她们可能会面临一些友谊方面的困惑和挑战，也常常会因此而痛苦。本书主要围绕"青春期女孩如何正确认识友谊、与他人建立健康的友谊"这个话题，分享了友谊的9个真相，探索了欺凌、孤立等与友谊相关的话题。全书从女孩的视角出发，提供了很多同龄人的观点和案例，书中还充满了有趣的测验和插图，可以有效帮助女孩正确认识友谊，提升交朋友的技巧和能力。

BFF or NRF (Not Really Friends) ©2021 Jessica Speer and Elowyn Dickerson.

Original English language edition published by Familius, California, USA.

All rights reserved.

Arranged via Licensor's Agent: DropCap Inc. and Co-Agent: CA-LINK International LLC.

北京市版权局著作权合同登记　图字：01-2023-5630号。

图书在版编目（CIP）数据

真朋友，假朋友：给青春期女孩的友谊指南 /（美）杰西卡·斯佩尔（Jessica Speer）著；颜玮译. —北京：机械工业出版社，2024.4（2025.4重印）

书名原文：BFF or NRF (Not Really Friends): A Girl's Guide to Happy Friendships

ISBN 978-7-111-75412-1

Ⅰ.①真… Ⅱ.①杰…②颜… Ⅲ.①女性—友谊—青少年读物 Ⅳ.①B824.2-49

中国国家版本馆CIP数据核字（2024）第072170号

机械工业出版社（北京市百万庄大街22号　邮政编码100037）
策划编辑：刘文蕾　　　　　责任编辑：刘文蕾　丁　悦
责任校对：郑　雪　宋　安　责任印制：张　博
北京联兴盛业印刷股份有限公司印刷
2025年4月第1版第7次印刷
145mm×210mm·5.25印张·83千字
标准书号：ISBN 978-7-111-75412-1
定价：59.80元

电话服务　　　　　　　　　网络服务
客服电话：010-88361066　机 工 官 网：www.cmpbook.com
　　　　　010-88379833　机 工 官 博：weibo.com/cmp1952
　　　　　010-68326294　金 书 网：www.golden-book.com
封底无防伪标均为盗版　机工教育服务网：www.cmpedu.com

谨以此书献给那些勇于分享自己的想法并敞开心扉将这本书付诸实践的女孩们，也献给我的女儿们。在我写作本书的每一步，你们都为我提供了具有指导性的意见并贡献了你们的智慧。愿你们永远保持自己的勇气，让真正的自我发出耀眼的光芒。

杰西卡·斯佩尔

友谊过山车

引 言

　　如果你曾经在友谊中挣扎过，那么你并不孤单。大多数的女孩都曾发现：有时候，友谊这件事就像是坐过山车。上一秒，你还在欢呼和笑声中向上攀爬；下一秒，你却坠入了恐惧或沮丧之中。

　　友谊是一种神奇的、常常让人感到惊喜的东西。但是，它同时也可能会令人感到困惑和苦恼。这些困惑和苦恼可能来源于你在荧幕追的那些描写同学情谊的影视剧，它们的剧情让你觉得学校是一处令人沮丧多过令人快乐的地方。或者，也有另一种可能，你感到困惑和苦恼是因为你身边的每个人似乎都有了一位 BFF（Best Friend Forever 首字母的简写，意思是"永远的好朋友"。——译者注）而唯独你没有。再或者，是因为你和你的朋友之间争吵的次数要比意见一致的次数多。

好消息是，朋友之间的友谊其实并不一定要如此坎坷。事实上，健康的友谊是会令人感到安全并且是可以被对方接纳的。当然了，友谊之路并非畅通无阻，你们还是会时不时地遇到这样或那样的磕磕绊绊。但是，牢固的友谊能让你们一起度过那些不顺利的时刻。与学习任何新东西时一样，与朋友相处的技能也是需要进行实践和练习的。这本书既探究了不同层次的友谊——从BFF 到 NRF（Not Really Friends 首字母的简写，意思是"并非真的朋友"。通常我们会用"塑料姐妹花"来调侃这种关系。——译者注），也讲授了那些能帮助你们平稳行走于友谊之路的技能。所以，拿起一支铅笔，让我们开始吧！

重要提示

　　虽然我在这本书中使用了代词"她"，但是你们在尝试开展书中提到的活动时可以随意用其他代词来替换这个词，以便更好地适应你们自身的情况和你们拥有的友谊。

　　为了保护个人隐私，本书中提及的人物姓名和故事细节已经做了适当的变更。

目　录

第三章

友谊金字塔：从 BFF 到 NRF

第四章

我喜欢朋友身上的哪些品格？

第一章
我的友谊是否健康

　　BFF、闺蜜、死党……我们可以用很多词语来形容"最亲密的朋友"。不过，一位"最亲密的朋友"（或者说"真正的好朋友"）到底应该是什么样的呢？为什么有些友谊给人的感觉像是穿着舒适的长袍，而另一些友谊给人的感觉却像是在看恐怖电影呢？

有些时候，我们可以通过留意自己与某位朋友相处后的感受来判断那段友谊是否健康。举例来说，如果"花时间和凯莎在一起"常常让你感到快乐且自我感觉良好，而"花时间和海姿尔在一起"常常让你感觉悲伤或困惑的话，那么你和凯莎的友谊也许更健康一些。

下面的测试题将帮助你更好地了解在你和某人的友谊中，什么事情是健康的，什么事情可能需要调整。

测试说明：当你通读下面的测试题目时，心里要想着某一位朋友，然后再勾选出最佳的答案。你一定要诚实地回答，这样才能真正了解自己和那位朋友之间的友谊究竟是怎样的。

如果你愿意的话，你有多少朋友就可以反复做多少遍这份测试。

重要提示

　　你要对本测试的测试内容和结果保密，或者只与值得信赖的成年人分享。本测试的目的是要提高你的自我觉知能力，它不应该被用于批评他人或者评价他人。

测　试：
我的友谊是否健康？

	几乎总是这样	有时是这样	几乎从来都不是这样
当我们的友谊出现问题时，我们会找到一种让自己感觉公平的方法来解决。	☐	☐	☐
如果我向我的朋友分享了一个秘密，我确信她会保守这个秘密。她不会在背后说别人的坏话。	☐	☐	☐
我可以和我的朋友分享我的想法和情绪，她不会取笑我，不会让我感觉不好。	☐	☐	☐

	几乎总是 这样	有时是 这样	几乎从来都 不是这样
当我们花时间待在一起时，我会感到开心并且自我感觉良好。	☐	☐	☐
当我向朋友分享我的重大成就时，我的朋友会为我感到高兴。她不会在这一刻分享她自己比我做得更好的事情。	☐	☐	☐
如果我的朋友对我做了什么错事或者对我说了什么刻薄的话，她会承担责任并向我道歉的。她的道歉总是让我感觉很真诚，而且我确信她会努力以后不再去犯同样的错误。	☐	☐	☐

	几乎总是这样	有时是这样	几乎从来都不是这样
我的朋友支持我的兴趣和目标。即使我的兴趣和目标与她的兴趣和目标不一致，她也会支持我。	☐	☐	☐
当其他人加入原本只有我们俩的活动时，我的朋友不会表现出嫉妒，也不会觉得她受到了威胁。如果我花时间和其他朋友待在一起，她也不会让我感觉不好。	☐	☐	☐
我确信我的朋友是会为了我挺身而出、两肋插刀的。	☐	☐	☐
我们的友谊是平等的。我并不总是领导者，也并不总是追随者。	☐	☐	☐

测试结果:
我的友谊是否健康?

如果你选了 8 个以上（含 8 个）的"几乎总是这样"选项：

恭喜你，你们的友谊看上去像是一段健康的友谊！你们的友谊让你感觉安全并且可以被对方接纳。你可以和这位朋友分享你的想法和感受，因为她对你很好而且很尊重你。这种友谊是平衡的，因为你们倾听彼此的想法，并且共同努力，一起去寻找能解决问题的公平方法。

注意：如果上面这段描述与你们的友谊不相符的话，请返回去再仔细检查一遍你的答案。也许你们之间的友谊更符合下面"有时是这样"的那段描述。

如果你选了 3 个以上（含 3 个）的"有时是这样"选项：

没有任何一份友谊是完美的。不过，如果你好几个回答都是"有时是这样"的话，那么这份友谊可能需要你们俩做出一些努力了。也许你和这位朋友可以多一些相互分享、相互倾听和相互支持。本书"用'我字句'为自己发声"的那一章将有助于你更好地与对方沟通并且最终解决问题。建议你跳到那一段去看看，以便帮助你更好地了解这份友谊让你感觉"不够好"的原因是哪些你们正在做（或没有做）的事情。

如果你选了 3 个以上（含 3 个）的"几乎从来都不是这样"选项：

小心！这份友谊可能是不健康的。不健康的意思是说它让你感觉不安全和不舒服。如果你和这位朋友在一起时常常会感到悲伤、沮丧或自我感觉不好，那么你应该说出自己的想法来改善你们之间的友谊，或者，结束这份友谊去发展另一份让你感到振奋而不是沮丧的友谊。如果你和这位朋友已经认识了很长时间，你可能会觉得很难向对方提出分手。在这种情况下，本书的"结交新朋友"和"在困难时期照顾好自己"这两章的内容能帮助你在多种方法中选出最适合你的一个。

友谊的真相①：
健康的友谊让人感到安全及被对方接纳

　　了解自己所拥有的友谊中哪些是健康的，哪些也许需要做出努力去调整，是重要的第一步。在下一章中，我们将探讨你与朋友相处时需要的技能。你对自己的长处和短处了解得越多，你就越能在这份友谊中做好你自己的这部分。请记住，没有人是完美的。每个人都在按照自己的节奏学习与朋友相处的技能。所以，让我们先来看一看，你现在已经掌握的与朋友相处的技能中哪些是非常优秀的，哪些则可能需要你再多加练习吧。

第二章
我与朋友相处的
技能强不强?

　　你有没有注意到，有些事情对你来说很容易，而另一些事情对你来说却很难？也许，你感觉画画这件事很容易，但踢足球这件事却很难。或者，你感觉解数学题这件事很容易，但写作文却很难。

每个人都拥有一些自己容易掌握而其他人较难学会的技能。幸好，任何技能都是可以通过练习来提高的。

同样，我们每个人也都拥有与朋友相处的独特技能。某些技能对你来说可能很容易，比如别人讲话的时候认真倾听；而其他方面的技能对你来说可能会很难，比如不传别人的闲话。

下面的这些测试题将帮助你更好地了解自己与朋友相处的技能水平。记住，没有人是完美的。这个测试将帮助你更好地了解你自己，让你明白你与朋友相处的技能中哪些很强，哪些需要更多的练习。

测试说明：当你阅读这些测试题目的时候，想一想自己在与朋友交往时的表现，并回答"是"或"否"。请一定要诚实地回答，因为只有这样你才能真正了解自己。

重要提示

请不要告诉别人你在这个测试中的答案，或者，只与某位值得你信赖的成年人分享。这个测试的目的是让你有更好的自我觉知能力。它不应该被用于批评或评价你自己。

测　试：
我与朋友相处的技能强不强？

测试题组 A	是 这里描述的 正是我	否 这对我来说 较难做到
当我的朋友正在讲话时，我会尽量不打断她。我会认真倾听其他人讲她们自己的故事和笑话。	☐	☐
我对我朋友参与的活动和她的生活感兴趣，而且我会向她提问题，以便更多地了解与她相关的事情。	☐	☐
在我和朋友的交谈中，我尽量让自己有时是诉说者，有时是倾听者，这样我们的谈话就会感觉比较平衡。	☐	☐

测试题组 B	是 这里描述的 正是我	否 这对我来说 较难做到
我的朋友除了我之外还有其他的朋友。我明白她这样做是健康的。	☐	☐
我不会让我的朋友因为没有和我在一起而感觉不好。即使是最好的朋友，也需要一些时间独处或者和其他朋友一起玩。	☐	☐
当特别好的事情发生在我朋友而不是我自己身上时，我可能会在内心感到难过或者嫉妒，但是我会尽最大的可能表现出我为她感到高兴。	☐	☐

测试题组 C	是 这里描述的 正是我	否 这对我来说 较难做到

我尊重我的朋友与他人有差别。我不会因为她们与别人不一样或者表现得与别人不一样而让她们感到难过。　☐　☐

在我组建的团队或者我发起的活动中,我会让所有人都感到她们是受欢迎的。　☐　☐

如果我的朋友对我分享她们的情感经历或某些重要的事情,我会非常小心地回应,绝不去取笑或者批评她们。　☐　☐

测试题组 D	是 这里描述的 正是我	否 这对我来说 较难做到
如果我的朋友告诉了我一个秘密，我是不会转而告诉别人的（除非这个秘密会引发一些不安全的情况，否则我绝不会告诉其他人。如果这个秘密真的与某些不安全的事情相关，那么，我会去告诉某个成年人）。	☐	☐
我不会说我朋友或者其他人的坏话，尤其是她们不在场的时候。	☐	☐
如果我跟朋友说我要去做某件事，比如放学后和她们见面，那我就保证自己一定会做到。	☐	☐

测试题组 E	是 这里描述的 正是我	否 这对我来说 较难做到
我会对朋友坦诚说出自己的感受，同时我也能认真倾听朋友诉说她的感受。	☐	☐
我会努力理解我朋友对事物的看法，尽管她的看法可能与我的看法不一样。	☐	☐
在我和某位朋友的友谊中，如果某件事情真的让我觉得很烦恼，我会尝试和那位朋友一对一地谈谈，以便解决那个问题。或者，如果我需要别人的支持与帮助，我知道更好的选择是与某个值得信赖的成年人谈谈，而不是把我的其他朋友牵扯进来。	☐	☐

测试题组 F	是 这里描述的 正是我	否 这对我来说 较难做到
我尽量做到先认真思考再开口讲话。当我意识到自己要说的话很伤人时，我就不会说出口。我很尊重别人，即使在与别人的冲突之中我也会尊重对方。	☐	☐
我不会为了让自己感觉更好而贬低他人。	☐	☐
我尽量做到用冷静平和的语气而不是尖酸刻薄的语气说话。我知道我说话的方式和我说话的内容是一样重要的。	☐	☐

测试题组 G	是 这里描述的 正是我	否 这对我来说 较难做到
我知道没有任何人是完美的。我愿意学习与朋友相处的技能，也愿意通过沟通来解决冲突。	☐	☐
在我和朋友的友谊中，我和朋友是平等的。我没有一直当领导者，也没有一直当决策者。	☐	☐
我会尝试和朋友一起努力去解决问题，找到一个对双方都公平的办法。	☐	☐

测试题组 H	是 这里描述的 正是我	否 这对我来说 较难做到
我不会吹嘘自己。我喜欢我自己。我不需要把自己说得更好一些或者更有趣一些。	☐	☐
我尽量让自己只说真话。我对朋友们保持诚实。	☐	☐

测试题组 I	是 这里描述的 正是我	否 这对我来说 较难做到
我是一个输得起的人。当我自己没有赢得比赛时,我会真心地祝贺别人。	☐	☐
在友谊中,当事情没有按照我的方式进行时,我尽量做到不跺脚、不对朋友大喊大叫,也不噘嘴生气。当我感到沮丧时,我会努力以健康的方式处理自己沮丧的情绪。	☐	☐

测试结果：
我与朋友相处的技能强不强？

    与朋友相处的技能是需要练习的。请记住，每个人都有一些对自己来说容易掌握的技能，而掌握其他不擅长的一些技能则需要付出更多的努力。如果你对以上某个测试题的回答是"否"，那么你可以从下面的测试结果中找到相应的部分读一读。

我们可以选择自己的行为方式，自己决定要做什么事或者不做什么事。只要我们愿意，我们就有能力改变我们的行为方式。例如，如果我们有撒谎的习惯，那么我们也有能力让自己不再撒谎。或者，如果我们有背地里说别人坏话、贬低别人的习惯，那么我们也有能力停止这样的行为。做出改变并不难，它只是需要我们多加注意和练习罢了。

测试题组 A：做个优秀的倾听者

"我太想说出自己想说的话了。所以朋友说话的时候我经常打断她们。我努力想成为一名更好的倾听者。我不想打断朋友太多次。但是，这真的很难做到啊。"——布瑞塔尼

"朋友说话的时候，我相当安静。我是一个非常好的听众。但是，我没有意识到，如果我一个字都不说，朋友们就不知道我究竟有没有真的在听她们讲话。现在，我尝试在她们讲话的时候向她们提出问题，这样我就可以更清楚地知道她们想表达的是什么，而且，这样做也表明了我在倾听她们。"——凯特

认真倾听可以向你的朋友们表明你关心她们以及她们所说的话。有的时候，我们太想说出自己想说的话了，以至于忘了去听别人正在对我们说些什么。你能想到有哪一次你对朋友说话时，她们似乎没有在听吗？你当时的感觉是怎样的呢？

你需要在哪方面提高自己的倾听技能（例如，眼神交流、向对方提问、收起手机、点头、尽量不打断）呢？

测试题组 B：管理自己的嫉妒心

"当我最好的朋友和别人出去玩的时候，我通常都会非常生气。我认为既然我们俩是闺蜜，那就应该一直和我在一起。有一次我甚至对她说，如果她再和那个女孩做朋友的话，我就不再做她的朋友了。"——艾哈妮

"每当我的朋友告诉我发生在她身上的好事时，我总想要说出某件发生在我身上的更好的事。我现在意识到这样做真的

很招人讨厌,所以我现在就只是单单祝贺她而不再提到我自己了。"——派珀

有些时候,如果我们的朋友花时间和别人待在一起,我们便会感到嫉妒,因为我们的内心深处也许在担心会因此失去自己和朋友之间的友谊。或者,我们可能因为朋友的成功而感到嫉妒,希望那个成功是属于我们自己的。要小心啊,嫉妒心也许会破坏你们的友谊!

我们每个人都会在某些时刻产生嫉妒心。我们要以健康的方式去管理自己的嫉妒心,这是非常重要的。想要克服嫉妒的情绪,就需要在感到嫉妒的时刻有所察觉并且叫停那种情绪。在这些时刻,我们要提醒自己:健康的友谊应该允许对方花时间和其他朋友待在一起。或者,如果你是因为对方的成绩卓越或品格优秀而感到嫉妒的话,那么就要提醒自己:你也拥有自己独特的品格。你可以去慢跑,或者,跟随自己最喜欢的歌曲舞蹈,或者,去做一些积极的事情,这些都有助于你释放那些不好的情绪。

你是否能以健康的方式(例如,说话前停顿一下、用"我拥有积极向上的品格"来提醒自己、避免与他人攀比,等等)来管理自己的嫉妒心呢?

测试题组 C：接纳他人

"去年，我对我们班里的某些女孩很不好。我当时想，如果我不喜欢她们，那我就对她们表现出恶劣的态度，这样就能让她们远离我了。现在我努力尊重班里的每一个同学。即使有些人我并不太喜欢，我也还是会尊重她们。"—— 玛蒂

"我过去常常和某几个人一起玩。我确信那些人并不真的喜欢我。虽然我曾非常努力想要融入她们的团体，但我还是常常觉得自己被她们忽视。现在，我拥有了另外一些能真正接纳我的朋友。我觉得这些新朋友比我之前想要融入的那群人好多了。我感到自己真的是这些新朋友中的一员。"——法蒂玛

接纳他人意味着允许对方做他们自己，让对方感到自己被包容。有些人可能会接纳一部分朋友，但拒绝其他的朋友。因为那些朋友与自己不一样，或者，那些朋友不那么喜欢自己。

缺乏接纳的友谊会让人感觉不好，因为你会觉得好像无法做自己似的。你能想到一个因为"你就是你"而真正接纳你的朋友吗？你在这位朋友身边时是什么感觉？你是否能通过练习让自己变得更容易接纳他人呢？

测试题组 D：值得信赖

"我过去曾经把我一个朋友的秘密告诉了别人。我想我之所以那样做是因为说出那个秘密能帮助我感觉到自己与其他女孩关系密切，让自己能融入她们之中。我的那位朋友因此和我断交了。我不责怪她。幸运的是，我现在有了一个新朋友，而且，我真的非常努力让自己值得她的信任。"——哈珀

"去年，我和我的朋友在学校的午餐时间里会从头到尾都聊其他同学的八卦。这似乎是一件'酷酷的'事情。但是，这样做却让我感到非常不舒服。我妈妈建议我主动把话题变更成比较积极的事。这真的很有效。"——珊妮

想要被别人信任不仅仅是能为别人保守秘密这么简单。充满信任的友谊会让人感到自己是真正被对方支持着的。如果一段友谊中充满信任，那么当你向对方谈起对自己来说非常重要的事情时就会感到很安全，根本不用担心朋友会取笑自己或者将这件事告诉给别人。这种可以完全信任对方的感觉能强化你们的友谊纽带。

缺乏信任的友谊往往会让人感到不安全。自己对朋友的感情会受到伤害，自己八卦别人的话语以及自己本人的秘密都会被转述给他人，而朋友之间的关系也因此会令人感到困惑。值得信赖的友谊需要你花时间去寻找和探索，所以它们可能要到你上了中学或者更晚一些的时候才会出现。在此期间，你只要努力让自己成为一个值得他人信赖的人就好了。你能做些什么来让自己成为一个值得信赖的朋友呢？

测试题组 E：优秀的沟通者

"我和我最好的朋友曾经几乎绝交，因为我们不懂得如何解决问题。我们俩会陷入争吵，然后逼着其他的朋友们选择站在我或她的一边。但是，后来我们不再把这种事搞得如此戏剧化了，我们想出了一种和对方沟通的方法。这样做有时候是很难的。不过，现在我们能一起解决我们的问题了。这样做也让我们之间的友谊变得更好了。"——露西娅

"对我来说，向朋友分享自己不好的感受是很难的。如果朋友伤害了我的感情，那么我会非常害怕以至于什么都不敢再说了。但是，如果我什么都不说的话，情况是不会好转的。"——安迪

很多女孩都会发现自己很难开口说出与朋友之间的友谊出现了问题。如果有什么事情困扰着你，你也许很难弄明白该说些什么来改善情况。但是，我们应该让别人知道我们希望别人如何对待我们。如果某件事情对我们来说真的非常重要而我们却沉默不语的话，那么一切都不会改变的。如果你觉得"开口为自己说话"这件事很难，那么请阅读本书第六章"用'我字句'为自己发声"那部分内容。朋友之间的问题应该一对一地解决，尽量不要让其他人卷入你们的冲突。刚开始，你可能会感觉这样做非常难。但是，随着练习次数的增多，它会变得越来越容易。这样做也将在你的一生之中改善你和他人的友谊关系。你应该怎样去练习在友谊中的沟通技巧呢？

测试题组 F:善待他人,尊重他人

"在我上六年级的时候,有一些人说我是个坏人。这种说法重重地伤害了我的感情。我知道自己不是个坏人,只不过有时看起来可能不太友善,因为我说话时口无遮拦,不注意用词。"——安吉莉卡

"当我还是个小屁孩的时候,我想到什么就会直接说出来。比如,如果我觉得某位朋友的衬衫很难看,我会告诉朋友们我觉得那位朋友的衬衫很难看。现在,我会努力尊重别人,并且,我在说话之前也会先思考一下。"——埃弗莉

"当我做好事并帮助他人时,我会感觉很好。"——克里斯塔尔

"对某人表现出善意和尊重"的意思是说,你要用一种能表明你关心他们的感受及身心健康的方式去做事。善良是我们所有友谊的关键。善意的行为可以是一些非常简单的举动,比如说一些鼓励别人的话或者主动为别人开门之类的行为。当我们选择善意的话语和行为时,我们的选择会让这个世界变得更加美好,也会让我们自己感到幸福快乐!你应该怎样在友谊中实践对他人的善意和尊重呢?

测试题组 G:处事灵活不固执

"过去,每个人都说我很霸道。我讨厌她们这样说。不过,现在我知道这是为什么了。当我自己有了一个特别好的点子时,我很难接受别人的不同想法。我的老师教了我一些灵活处事的方法,比如轮流做主或者用'石头、剪刀、布'来决定听谁的。这些方法的确帮助了我。"——摩根

"过去,在玩捉人游戏的时候,我特别不愿意当'怪兽',所以我就常常改变规则来达到我不当'怪兽'的目的。我那样做真的会让朋友们非常生气,而且也剥夺了我们玩捉人游戏的乐趣。现在,我比以前灵活多了,我们每个人都能享受玩这个游戏的快乐了。"——安珀尔

朋友之间的相处需要大量的合作,也需要很多次的沟通。当朋友之中的某个人总是固执己见的时候,决定玩什么游戏或者选择什么规则这些事就会让大家都感到十分沮丧。

"处事灵活"的意思是说,要以对双方都公平的方式来做出选择和解决冲突。这是一项很难的技能,不过,通过练习,这项技能会使你与朋友的相处变得更加融洽。你要怎样在友谊中实践"处事更加灵活"这一原则呢?

测试题组 H：诚实坦荡

"有时我会编造关于自己的故事。我喜欢逗别人发笑，然后给她们留下深刻的印象。但是，我的朋友们稍后可能会发现我当时讲的都是编造的，是假的。她们发现我说谎的那个时刻我会感到特别尴尬。"——索菲亚

"我有一个朋友。她有时会撒谎，让听起来她比真实的自己更好一些。我希望她能诚实一点，因为我觉得她现在的这个样子就已经很好了。"——伊玛尼

有时，人们会为了融入他人或给他人留下深刻的印象而虚构自己。虽然小小的谎言看似无害，但却使得我们无法直面真正的自我。当我们对自己不诚实的时候，我们就是在不尊重自己。如果你经常会讲一些关于自己的不真实的故事，那么就请想一想你在什么情况下会这样做以及为什么要这样做。你如何才能真诚地面对自己并且在上述那些情况下对他人更诚实呢？

测试题组 l：积极的态度

"当我和朋友玩游戏时，如果事情没有按我的方法进行，我就会非常生气。接下来，我是不会允许自己玩得开心的，因为如果我开心的话，就会让别人觉得我刚才发火是不对的。"——伊娃

"我有一个非常正能量的朋友。她总是鼓励别人，总是能看到事物光明的一面。和她在一起使我也希望自己能更加积极一些。"——布里塔妮

当事情没有按照我们自己预期的方式发展时，的确是会令人感到沮丧。这个时候觉得很生气是完全正常的。不过，我们对类似愤怒这样的负面情绪可以有各种健康或不健康的管理办法。放任自己的沮丧去毁掉自己甚至他人的体验是既不健康也不公平的。在第五章"用健康的方式管理坏情绪"的那部分内容里，我们将帮助你以健康的方式处理不舒服的情绪。你什么时候可以练习让自己保持积极的态度呢？

重要提示

能认识到自己弱点的人是强大的人。请记住，没有人是完美的。我们都有长处和短处。很明显，你的长处之一就是你致力于让自己成为自己能成为的最好的人！

友谊的真相②：
每个人会以不同的速度发展
自己交朋友的技能

第三章将呈现一份"友谊金字塔"，我们将会解释不同层次的友谊以及建立健康友谊的技巧。"友谊金字塔"还会揭示与友谊相关的一些奥秘，比如为什么有些友谊感觉与其他的友谊不同以及友谊是如何随着时间的推移而变化的。

第三章

友谊金字塔：

从 BFF 到 NRF

你有没有注意到，当你和某位朋友在一起时，你能很容易地做回自己，也能很容易地分享自己的感受和想法；而当你和另一位朋友在一起时，你可能会感到紧张，说任何话做任何事都会更加小心？

你之所以有以上不同的感受是因为每一份友谊都是不一样的。下图中的"友谊金字塔"向我们展示了友谊的不同阶段和每个阶段的不同特点。

友谊金字塔

友谊有不同的阶段并且会随着时间的推移而变化。

我们唯一能控制的只有我们自己。我们要让自己成为"自己想要拥有的朋友"的那类人。

真闺蜜（BFF）
比较难找到
· 你们会共同尝试找出公平的冲突解决方案。
· 你们彼此接纳。
· 你们在一起时都感到很有意思。
· 你们彼此信任，分享想法、情绪以及不对普通朋友（你不太了解或不太信任的朋友）分享的秘密。
· 你们的友谊让你感到舒适且安全。

朋友
（同学，队友，邻居）
· 你们会共同尝试找出公平的冲突解决方案。
· 你们彼此接纳。
· 你们在一起时都感到很有意思。
· 你们不像最好的朋友那样分享非常多的秘密。
· 对方对你的了解不如你最好的朋友对你的了解多，所以你和她在一起时也不如和最好的朋友在一起时那么舒服自在。

熟人
可能会成为新的朋友
未开发的友谊常常都在这里，要保持开放心态去结交新的朋友。

变化　误解

塑料姐妹花（NRF）
！ 保持警醒并善待对方
· 有时对你好，有时对你很坏。
· 不值得你信赖，喜欢八卦别人而且喜欢传播谣言。
· 不接纳你，当你做自己时会让你感觉不舒服。
· 不安全，要求你做你感觉不舒服的事情。

重要提醒： 每个人都是会转变的！假以时日，这类人也可以学会交朋友的技能。

重要提示

有些时候，某些秘密（会导致健康受到损害或者会遭遇危险）需要告诉给一位值得你信赖的成年人。如果某个秘密与任何人（包括你自己）的安全有关，那么你应该尽快找一位成年人谈谈。

BFF（永远的好朋友）

友谊金字塔的顶端是 BFF，也可以叫"真闺蜜"。到达这个层次的朋友人数很少，也许只包括一位或两位朋友。这是因为：比起其他层次的朋友来说，"真闺蜜"更难以找到，而且，"真闺蜜"之间的友谊通常都需要更长的时间来检验。如果你还没有找到自己的"真闺蜜"，你也不必担心。许多人可能直到上了初中（或更晚）都没有找到真正亲密的朋友。

随着你逐渐掌握了更强大的交友技能，某些友谊可能会发展成为"真闺蜜"之间的友谊。不过，大部分的友谊可能永远都不会发展到"真闺蜜"的程度，这也是很正常的。

我的"真闺蜜"（或具有我喜欢的品格并且我有可能和她成为"真闺蜜"的人）是下面这些人（写出她们的名字）：

_____

_____

_____

朋友

　　"友谊金字塔"中的"朋友"这一级别所占的比例应该比你所看到的提示图形更宽更大，它包括各种各样的朋友，比如同学、团队成员和邻居。这些友谊能让你感到自己被对方接纳，而且也很有趣。不过，这些友谊可能不会像上述"真闺蜜"之间的友谊那样让你感到舒适。因此，在建立更多的信任之前，你也许不会向对方分享自己的秘密以及某些想法或感受。这些友谊中的一部分人也许能随着时间的推移发展成你的"真闺蜜"。

　　我的"朋友"（或具有我喜欢的品格并且我有可能和她成为"朋友"的人）是下面这些人（写出她们的名字）：

_____

_____

_____

熟人和潜在的新朋友

"友谊金字塔"的底部很宽。那些有可能成为你新朋友的人会把这里填满。"熟人"是指你会在城里某些地方或学校里看到她们但却不太了解她们的人。例如，某个与你认识但是却从未与你深交的女孩（你对她的了解不多）就可以算是"熟人"。你应该对"结识新朋友"这件事保持开放的态度。这样的话，上面提到的那位现在还只是"熟人"的女孩也许就会在某一天成为你的"朋友"！

有可能成为我新朋友的人是下面这些人（写出她们的名字）：

_____

_____

_____

NRF（并非真的朋友）

交朋友的技能需要很多的练习，只有成熟到一定阶段的人才能学会。你的那些 NRF 们，即"塑料姐妹花"们还没有发育出交朋友所需要的某些能力。

这么说并不是指她们都是坏人，也不意味着她们不能改变。我们每个人都会按照自己的节奏去学习交朋友的技能。有时，这类人正在与生活中的某些事情作斗争，比如自尊心问题或家庭问题。随着时间的推移，她们中的大多数人都可以学会如何成为别人的好朋友。在此期间，你既要善待她们，同时也要在与她们相处时保持警惕。

有时，当某个女孩表现得像是个"塑料姐妹花"时，其他的女孩们会团结起来抵制她。这最终会导致更多的恶意行为。小心啊！如果你决定退出某段"塑料姐妹花"的关系，那么你一定不要把其他人带进来哦。你完全有可能体面地摆脱一段不好的友谊，用不着去散布流言蜚语或让别人讨厌她。

友谊的真相③：
友谊的发展有不同的阶段，
并且会随着时间的推移而变化

友谊的真相④：

亲密的友谊不容易被找到，

很可能要到中学或者更晚的

时间才会出现

重要提示

友谊是一种我们可以自主做选择的东西。如果你拥有的友谊不够健康，那么你可以选择和那位朋友一起努力来改善你们的友谊，或者，你也可以选择中断你们的友谊，让自己休息一下。这份友谊现在可能不适合你，但随着时间的推移和你们俩的逐渐成熟，它可能会在未来的某个时间又适合你了。你只要保持开放的心态就好了。

友谊会随着时间的推移而变化，会在"友谊金字塔"中上下移动。也许你的朋友搬走了；或者，你遇到了一个新朋友，然后她慢慢变成了你最亲密的朋友；或者，你和你的朋友分开了一段时间。或早或晚，每个人都会经历到这些变化。当友谊朝着你不喜欢的方向变化时，第九章"结交新朋友"和第十章"在困难时期照顾好自己"这两章的内容是会对你有所帮助的。

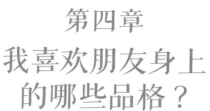

第四章

我喜欢朋友身上
的哪些品格？

　　每个人在交朋友时所看重的东西是不一样的。有的女孩可能想要与自己想法完全一致的人做朋友，有的女孩则可能更愿意与自己想法完全不同的人做朋友；有的女孩可能想与精力充沛的人做朋友，有的女孩则可能更喜欢与平和冷静的人做朋友。

所有这些都是因为个人偏好不同。我们比其他人更容易被某些品格吸引，这是很正常的。重要的是，我们要善待每一个人，就像我们希望自己被别人善待那样。

朋友制造机

朋友制造机

想象一下，你发现了一台神奇的机器，它可以为你制造出一位全新的朋友。你只需要告诉这台机器你想要的那位朋友身上应该具有哪些品格（品格是可以被描述出来的特征，比如善良、诚实、爱冒险，等等），然后……噗，你的新朋友立即就出现了。

想一想，你会将哪些"我理想的朋友身上应该具有的品格"代码编入这台机器中呢？注意，编程的时候要确保这些"品格"所描述的不是朋友的相貌或外表，而是那些对你来说很重要的个性或行为。

说明：请从下面的列表中圈出对你来说很重要的与友谊相关的品格。你也可以按照自己的想法在列表中添加上其他的内容。

与友谊相关的品格

（将你认为重要的品格圈起来）

接纳他人	体贴他人
积极主动	常常是兴高采烈的
爱冒险	富有同情心
勇敢	自信
谨慎周到	愿意与他人合作
冷静沉稳	富有创造力
常常鼓励他人	目标明确
精力充沛	干净整洁
公平公正	乐观
对人友好	有耐心
有趣好玩	与世无争
爱搞笑	正能量
慷慨大度	尊重他人
待人诚恳	值得信赖
优秀的倾听者	与众不同

工作学习很努力	其他:_____
心态健康	
对别人有帮助	
诚实	
独立	
快乐喜悦	
待人友善	
在人群中常常是领袖	

在下面写出对你来说最重要的三个"朋友应具备的品格":

_____

_____

_____

我自己是哪种类型的朋友？

你有没有想过你的朋友们最喜欢你的哪些特点呢？你的朋友可能会因此而喜欢你的哪些品格呢？请在下面写出你的朋友们喜欢你的三个品格。

朋友们最喜欢我的品格有：

_____

_____

_____

友谊的真相⑤：
有很多朋友的女孩可能反而
没有『最好的朋友』

每个人都会拥有一些能吸引别人与自己交朋友的品格。你要留意那些你觉得具有"友谊必备品格"的人，然后和她们交朋友。当然了，让自己成为一个"适合做好朋友的人"也是吸引和留住朋友的最好方式。

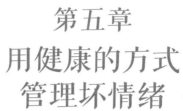

第五章
用健康的方式
管理坏情绪

　　吸引和留住朋友的方法之一是让自己成为一个"优秀的朋友"。但是，我们所有的人都搞砸了！有时，我们在友谊中说过的话或做过的事会让我们追悔莫及。这种情况经常发生，这是因为我们当时正处于糟糕的情绪中，导致我们不假思索就做出了反应。

艾什莉和娜塔莉的故事：

艾什莉和娜塔莉从三年级起就成了彼此最好的朋友。在学校吃午餐的时候她们总是挨着坐在一起，放学后她们也总是一起出去玩。到了五年级，莫妮卡也开始和她们俩一起出去玩。艾什莉的确非常喜欢莫妮卡，但是娜塔莉似乎并不太热衷于有新朋友加入她和艾什莉的二人组合。

有一天，娜塔莉感到自己被冷落了。她把艾什莉拉到一边说如果她（艾什莉）继续和莫妮卡保持朋友关系的话，她俩（艾什莉和娜塔莉）以后就不再是朋友了。然后，娜塔莉就怒气冲冲地走了。艾什莉感到非常的困惑和受伤。娜塔莉的感觉也很糟糕。放学后，娜塔莉对妈妈说起了当天早先时候发生的这件事。对妈妈说出自己的感受帮助了娜塔莉，让她弄明白了接下来自己可以做些什么。

以下是娜塔莉第二天对艾什莉说的话：

"艾什莉，我不应该说'如果你继续和莫妮卡做朋友，我就不会再和你做朋友了'这句话。我真的很抱歉。咱们仨在一起时，我有时真的会觉得自己被冷落了。不过下一次我会找到一种更好的表达方式来跟你说。"

由于娜塔莉对自己说过的错话承担了责任并且真诚地道了歉，而且艾什莉也接受了娜塔莉的道歉，所以她们俩就重归于好了。这件"不愉快的小事"甚至帮助了艾什莉

和娜塔莉，让她们更好地了解了对方的需求，并在之后的
日子中更多地向对方分享她们各自的感受。

强烈的坏情绪（比如愤怒、恐惧和悲伤）的确会让人
很不舒服。不过，产生这些情绪是很正常的，就连这些
情绪带来的不舒服的感觉也是很正常的。事实上，所有
的情绪都是正常的。你只需要加以练习就可以管理好这
些不舒服的情绪，从而使你能够以健康的方式对它们做
出回应。

怎样一步一步用健康的方式管理令人不适的情绪：

1. 暂停：当你感受到某种令你不适的情绪时，暂停
   一切活动并关注自己的身体感觉（心跳加速、面
   部发热、腹痛，等等）。这听起来似乎并不难，但
   是，在你产生强烈的坏情绪的那一刻，想要做到
   这一步其实是不容易的。

2. 深呼吸：多做几次深呼吸，这会帮助你平静下来。

3. 克服坏情绪：与其回避强烈的坏情绪或让它们继

续发展到失控，不如马上克服它们。克服令人不适的坏情绪的健康方法包括：

- 休息一下，在一个平静的地方让自己放松。
- 去散步或者进行体育锻炼。
- 向某位成年人或朋友说出自己的感受。
- 在日记本上写下自己的感受。

4. 回应：一旦你的头脑清醒了并且感觉到自己的心情已经平静了，那么你就可以思考一下自己想要用什么办法去做出回应了。

管理令人不适的情绪时可能会用到的不健康的方法：

- 说一些带有恶意的话或做一些带有恶意的事来回击那个伤害你或激怒你的人。
- 气冲冲地离开或大发脾气。
- 完全躲避那种令人不适的情绪，假装自己没有感觉。

我是如何管理令人不适的情绪的？

哪些情绪会让你感到不舒服？

_____

_____

_____

　　当令人不适的情绪发生时，有哪些方法可以帮助你克服它们？

_____

_____

_____

友谊的真相⑥：
每个人都会犯错误

通过练习，我们可以更好地管理自己令人不适的情绪并选择健康的回应方式。当我们在友谊中搞砸了的时候，我们要能认识到自己的错误，这一点特别重要。然后，我们要真诚地道歉并且做出努力不要再犯同样的错误。

你曾经有没有听到过一些似乎并不真诚的道歉？真诚的道歉可以治愈伤害，而不真诚的道歉则会让事情变得更糟。为了确保你的道歉是真诚的，你应该首先对自己的行为负责。你要让你的朋友知道你希望自己没有做那件伤害她的事情（或者你希望自己做了某事来避免她受到伤害）以及下次你会如何以不同的方式去做事。你的朋友可能会也可能不会马上接受你的道歉。你要同样给她一些时间来处理令她感到不适的情绪。

娜塔莉的道歉："艾什莉，我不应该说'如果你和莫妮卡做朋友，我就不再是你的朋友了'这句话（承担责任）。我真的很抱歉（真诚的道歉）。有时我觉得自己被冷落了，不过，下次我会想办法用更好的方法把我这种感受表达出来（她下次会采取什么不同的做法）。"

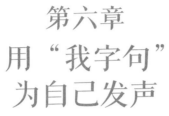

第六章

用"我字句"
为自己发声

奥利维亚和格蕾丝的故事：不平衡的友谊

　　奥利维亚和格蕾丝是一对好朋友。大多数时候她们都相处得很好。不过，在过去的几个月里，奥利维亚总是感到很沮丧。每当两个女孩要决定做什么的时候，奥利维亚总觉得格蕾丝从不听取自己的意见。为了维持两人之间的和平，奥利维亚只好每次都顺着格蕾丝的心意去做。随着时间的推移，奥利维亚的气愤和难过的情绪渐渐加剧，她开始怀疑格蕾丝究竟是不是自己真正的好朋友。奥利维亚的妈妈建议她把自己可以如何处理这种情况的每种选项都写下来。下面是奥利维亚写出的备选清单：

- 选项1：什么都不做……也许这个问题会自行消失的。
- 选项2：下次再爆发情绪时，大喊大叫或者大哭，哪种最有效就做哪种。
- 选项3：停止和格蕾丝一起玩，然后去交一个新朋友。
- 选项4：为自己发声并与格蕾丝一起解决这个问题。

所有的友谊（即使是最亲密的友谊）都会在前进的道路上遇到坎坷。那么，奥利维亚后来选择了哪种做法呢？

奥利维亚决定去尝试第4种选项，为自己发声并与格蕾丝一起努力去解决这个问题。奥利维亚意识到，格蕾丝也许根本就不知道她的想法，没考虑到自己的做法会令奥利维亚感到多么沮丧。尽管直言不讳地告诉格蕾丝自己的这些感受让奥利维亚感到害怕，但她认为这是自己改善现状的最佳选择。

在友谊中用"我字句"为自己发声

在友谊中为自己发声意味着你要与朋友分享你的感受和需求，以此来促进双方共同解决问题。通过解决问题（而不是回避问题），我们可以让友情变得更好。

有些女孩可以在友谊中自如地为自己发声、表达自己的不满而不会感到窘迫或害怕，但是对大多数女孩来说，在友谊中为自己发声是非常可怕的一件事。如果你的朋友不愿意听你的话怎么办？或者，如果她生你的气怎么办？或者，更糟糕的是，如果你的朋友决定以后不再跟你做朋友了怎么办？

没错，为自己发声这件事的确有可能让你感到害怕，但是，这么做是非常重要的。因为，我们要教会别人如何对待我们。

如果奥利维亚一直都不告诉格蕾丝自己的感受，那么情况是不会改善的。奥利维亚将继续感到格蕾丝从不听取自己的意见，也将继续感到失望和沮丧，那么她俩未来可能真的会分道扬镳了。好消息是，在友谊中有一种最有效的为自己发声的方法，我们喜欢将其称为"我字句"，因为它是替我们自己提出主张，而不是指责和批评他人。

如何用为自己发声的方法与对方联结（而不是与对方分裂）？

说话时如何遣词造句是非常重要的！选择不同的词句可以让事情变得好很多或者坏很多。用正确的词句说话是需要练习的。不过，一旦你学会了，它就会成为你一生都会用到的与他人增进友谊的好工具！

下面是如何使用"我字句"的具体方法：

"我字句" – 要说些什么	重要提示
"当你……的时候（对方的行为），我感到……（自己的感受）。"	要用"我"字开头的句子来分享自己的感受，因为用"你"字开头的句子来描述自己的感受时（比如"你伤害了我的感情"），对方有可能会产生抵触心理并且不再去听你下面说的话。
"因为……（为什么）。"	只围绕朋友已经做出或一直在做的某一种特定的行为来对话。如果你在谈话中提及很多其他的事情，想要一次性解决所有的问题，那么你们的沟通就会变得过于困难了。
"我希望你……（提出需求）。"	要用一种平静、自信的语气说话。你的语音语调和肢体语言与你说话的内容是同样重要的。

于是，奥利维亚在某个平静、私密的时刻对格蕾丝说出了下面这些话：

"格蕾丝，我们能谈谈吗？当你没听取我的意见时，我会感到沮丧，因为我也有一些好的点子，这样做让我感觉不公平。当我们决定做什么事的时候，我希望我们能轮流拍板做决定。"

请注意，奥利维亚是用"我"字开头（而不是"你"字开头）的句子来表达自己的感受的。这就是"我字句"方法。这种表达方式增加了奥利维亚被对方倾听的机会。

当我们用"你"字开头进行不愉快的对话时（比如"你总是自己拍板做选择"），会让对方觉得自己受到了攻击，需要进入自我保护的状态。当她们为自己辩护说"那不是真的"时，她们就不会再继续听你说话了。

想象一下，如果奥利维亚对格蕾丝说了下面这段话会怎样：

"格蕾丝，我们需要谈谈。你总是自己拍板选择我们俩要做什么！如果你不停止这种行为，我就不再和你玩了。"

你认为格蕾丝听到上面这些话会做出什么反应呢？如果奥利维亚以"你"字开头而不是"我"字开头说出上面的句子，而且也没有分享她自己的感受，那么这段对话的整体基调就会变味了。

导致分裂的"你字句"	建立联结的"我字句"
威胁	分享感受和需求
"如果你……，	"当你……的时候
我就不……！"	（对方的行为）
（再和你做朋友了；喜欢你了；邀请你了；等等）	我感到……。
谴责或责备	（自己的感受）
"你总是……！"	因为……。
（选你喜欢的；比我先走；等等）	（自己为什么有那样的感受）
"你从来都不……！"	我希望你……"
（给我发短信；听我的意见；等等）	（提出自己的需求）

的确，就算是使用"我字句"，为自己发声这件事也还是会让人感到害怕。但是请记住，我们需要教会他人如何按照我们希望他们对待我们的方式来对待我们。要想维持友谊的健康，弄清楚哪些事情正在伤害我们的友谊并在这些方面做出改变是非常重要的。

练习使用"我字句"

描述一种你的朋友反复以你不喜欢的方式对待你的情况。

_____

_____

_____

在下面的空白处写上你可以如何使用"我字句"来应对上述的情况：

当你 _____（对方的行为）的时候，我感到_____（自己的感受）。因

为 _____（自己产生那种感受的原

因）。我希望你 _____（提出自

己的需求）。

　　如果你在某个平静、私密的时刻这样对朋友说出自己的感

受，你觉得你的朋友会有什么反应：

_____

_____

_____

　　下一次，当朋友没有按照你想要的方式对待你的时

候，请考虑使用你的那些"我字句"。在你对朋友说出那

些话之前，建议你先演练一下自己准备说的话。你可以对

着一个值得你信赖的成年人做演练，或者，对着镜子做演

练。请记住，一定要使用平静的语音和语调。

　　当你觉得自己已经准备好了之后，找一个对你和你的朋友来说都比较隐秘的地点和比较安静的时间。你一定要和朋友进行面对面的交谈，不要通过发送电子邮件、社交平台私信或手机短信的方式去交谈。手机短信和社交私信中的表达非常容易被对方误解。

什么情况下要使用"我字句"：对朋友使用"我字句"是为了弄清哪些行为正在伤害你们的友谊，尤其是那些反复出现的行为（例如不听取你的意见、对你撒谎或者不尊重你）。

什么情况下不要使用"我字句"：如果你认为你的朋友会取笑你，或者，会让你因为分享了自己的情绪而感到难过，你可以选择不使用"我字句"。在没有安全感的关系中，你可以将"我字句"换成其他的说法，比如："我希望你不要再说关于我的闲话了。"或者："我不喜欢你拿我开玩笑。你该停止了。"在"如何应对冲突及霸凌"的那一章里，我们将针对"如何在感到不安全的关系中做出回应"这个话题给出更多的解决办法。

但是，如果我使用了"我字句"，而我的朋友却根本不听，那我该怎么办呢？

如果你的朋友继续无视你希望得到良好对待的请求，那么你可以去向成年人寻求帮助，或者，将你的精力转而投入到其他的友谊之中。请记住，和谁做朋友是你可以完全自主的一种选择。你要选择去培养和发展那些健康的友谊！

友谊的真相⑦：
我们通过为自己发声来教会
别人如何对待我们

重要提示

　　学会在人际关系中维护自己是人生的重要课程之一。我们的朋友不懂"读心术"，因此要学会为自己发声。如果我们忽视那些非常困扰我们或者伤害我们的行为，那么一切都不会改变的。

第七章
难以处理的
友谊场景：
我该怎么办？

　　你有没有遇到过一种与友谊相关的难以处理的问题？
你是否也曾拿不定主意自己到底该怎么解决那个问题？下
面的这些故事来自与你有同样感受的女孩们的分享。针对
她们分享的每一种情况，我们收集了其他女孩能想到的和
她们自己愿意采用的处理办法。正如你将读到的，这里没
有标准的答案。当友谊中的某些事情变得棘手难办时，以
自己感觉正确的方式做出回应才是最重要的。

在以下这些令人为难的友谊场景中，你会如何做出回应呢？

玛丽莎的故事：夹在两位好朋友中间

玛丽莎有两个好朋友。她和她们各自都很要好。然而，那两位好朋友之间却相处得不好。三个女孩在学校时常常一起活动。不过，她们的三人行活动往往会因为那两位朋友的吵嘴争论而不愉快地结束。玛丽莎为此感到非常沮丧，她觉得自己被困在了两位朋友中间动弹不得。她非常喜欢这两位朋友。她不知道自己应该怎样做才能使这种情况好转一些。

幸运的是，解决任何问题的方法都不止一种。玛丽莎的任务是考虑一下对自己来说针对这种情况都有哪些可选择的处理办法，然后找到最适合自己的一个或几个处理办法就可以了。

以下是其他女孩在面临这种棘手情况时会采取的处理办法：

- 我会尽量不参与她们的争吵。在她们处理好她们之间的矛盾之前，我会躲开她们去和其他的朋友们一起玩。（卢西安娜）
- 我会尝试找出一个解决的办法来叫停她们的争吵，比如通过扔硬币做选择。（梅西）
- 首先，我要弄清楚自己是否是问题的一部分。如果我与她们争吵的问题无关，那么我会让她们自己弄清楚、自己解决掉，我是不会参与其中的。（蕾可西）

- 我会去找某个成年人谈谈，请他/她帮助我弄清楚我该怎么做。（姗德拉）

那么，玛丽莎后来是怎么做的呢？

玛丽莎邀请其他的女孩和自己以及那两位朋友一起活动。有趣的是，那两位女孩在更大的一群人中相处得比较好。当两位朋友真的又吵起来时，玛丽莎就和其他女孩一起走开去做别的事情，给那两位朋友留出解决问题的空间。

如果你觉得自己像玛丽莎一样被夹在了两位朋友的中间，你会怎么办呢？

_____

_____

_____

莱克西的故事：被流言蜚语缠身

莱克西的好朋友喜欢说别人的闲话。可是，和好朋友一起八卦别人这种事让莱克西感觉很糟糕。另外，莱克西也想知道当自己不在那位好朋友身边时，她会怎么评价自己。因为莱克西和这位朋友谈话时感觉自己不太安全，所以她想告诉这位朋友自己的感受并且请这位朋友停止在背后议论别人。莱克西对此感到很紧张。她不知道该怎么说。

以下是其他女孩在面临这种棘手情况时会采取的处理办法：

- 如果我的这位喜欢八卦的朋友真的很不错，那么我可能还会和她一起玩，但同时，我也会去交一些其他的朋友。而且，我会努力牢记：别人对我的看法并不重要，我对自己的看法才是唯一重要的。也许这个人更像是一个"普通的朋友"，而不是"亲密的朋友"。（瓦奥莱特）

- 我会去交一个新的朋友，不会再和这位爱八卦别人的朋友一起玩了。我会努力忘记这位朋友可能也会背着我说我的坏话。（奥利维亚）

- 我会要求她停止在别人背后说人家的坏话。如果我的要求不起作用的话，我就会去找其他的朋友一起玩。（肯迪斯）

- 我会告诉她我的感受。如果她不听的话，我就去另外找一个我能信任的人交朋友。（佩顿）

- 当她说别人闲话时，我会直接忽略掉那些话，同时把话题转移到其他的事情上去。（麦迪逊）

那么，莱克西后来是怎么做的呢？

当莱克西的那位朋友又一次开始八卦别人时，她平静地对那位朋友说，在别人不在场的情况下议论她们让自己感觉很糟糕。然后，莱克西把话题转移到了一些有趣的事情上。莱克西意识到，在她的那位朋友彻底停止八卦别人之前，她可能需要反复多次地这样做，所以她将会等上一段时间，看看自己的反复提醒和转移话题是否能解决这个问题。

如果你的好朋友喜欢在背后说别人的闲话，你会怎么办呢？

_____

_____

_____

埃拉的故事：爱抄袭的朋友

埃拉的朋友和她在班上是挨着坐的。那位朋友总是抄袭埃拉的作业。如果埃拉把自己的作业本遮盖起来的话，这位朋友就会让埃拉因为自己没有对朋友共享答案而感到自责。埃拉喜欢这位朋友，但她又觉得抄袭别人的作业是不对的。她拿不定主意自己应该怎么做。

以下是其他女孩在面临这种棘手情况时会采取的处理办法：

- 我会让老师把我的座位换到别的地方去。（夏洛特）
- 我会告诉她，她应该自己做作业，因为我的答案也许是不对的，而她可能会知道正确的答案。（弗雷娅）
- 我会说："我知道你非常聪明，你完全可以自己做出来。"（莱克西）
- 我会用"我字句"的方法对她说："当你抄我的作业时，我会感到很紧张，因为抄袭行为违反了校规，而且对你的学习也没有帮助。我希望你以后不要这样做了。"（黎兹）

那么，埃拉后来是怎么做的呢？

埃拉意识到她的那位朋友没有按照自己想要的方式来对待自己。她在家练习了"我字句"。因此，在下一次那位朋友想要抄袭埃拉的作业时，埃拉已经做好了充足的准备去做出回应。在那周的晚些时候，埃拉对那位朋友说："当你抄我的作业时，我会感到很紧张，因为我觉得抄作业的行为是不对的。我希望你不要再这样做了。"她对自己说这些话时能如此的平静和自信感到惊讶。她的那位朋友也感到很惊讶，而且，她从此就再也没有抄过埃拉的作业了。

　　如果你的好朋友想要抄你的作业，你会怎么办呢？

————————————————————————

————————————————————————

————————————————————————

佩顿的故事：不灵活的朋友

佩顿的朋友几乎从不听取她的意见。和这位朋友在一起让佩顿感到十分沮丧，她觉得自己被对方忽视了。佩顿曾多次要求那位朋友考虑自己的想法，但都无济于事。佩顿不知道下一步自己还能做些什么。

以下是其他女孩在面临这种棘手情况时会采取的处理办法：

- 我会对她说："咱们已经按照你的主意玩了一段时间了，现在可以试试我的点子了吗？"（麦迪逊）

- 我会对她说："嘿，咱们今天能试试我的点子吗？"如果她说"不"，那么我会提醒她，我们最近大多数时候都是在按照她的想法在玩。如果我这么说了还是不起作用的话，我就去找另一个朋友玩。（贾拉）

- 几年前，我就曾有过这样的一个朋友。她总是想要我们按照她的方法去做事。所以，我就直接告诉她以后不能这样了。后来她就改了。（佐伊）

那么，佩顿后来是怎么做的呢？

佩顿意识到，当自己和那位朋友讨论这个问题时，并没有使用"我字句"。佩顿通常会说类似这样的话："你总是选择你自己想做的事，这不公平！"这种话会让那位朋友产生抵触的情绪，所以对方就会用"我没有"这种否认的话来回应自己。

于是，佩顿练习了她的"我字句"。当那位朋友又一次忽视了佩顿的想法时，佩顿对她说："咱们出去玩的时候，我常常感到很沮丧，因为你不愿意听我的想法。我希望我们能轮流决定要一起做什么事。"那位朋友按照佩顿的要求做了一段时间，但是后来又开始忽视佩顿的想法了。当这种情况再次发生时，佩顿决定先暂时不和那位朋友一起玩了。

如果你的好朋友总是不听从你的想法，你会怎么办呢？

_____

_____

_____

梅西的故事：喜欢模仿自己的朋友

梅西最好的朋友喜欢和梅西穿同样的衣服，画同样的画，而且，做梅西想做的任何事情。这种情况已经开始困扰梅西了。梅西希望她的这位朋友能够做回她自己，能够提出她自己的想法。梅西担心自己会伤害到这位朋友的感情。她不知道自己该怎么做。

以下是其他女孩在面临这种棘手情况时会采取的处理办法：

- 我会提醒自己，她模仿我是因为我的主意好。（佩顿）
- 我会告诉她，我是个与众不同的人，她也是。如果我们俩在所有事情上都一样的话就不能说明我们每个人的独特性了。（玛丽莎）
- 我会让朋友首先分享她的想法，然后我再分享我自己的不同想法，这样我们两个人各自独特的想法就都呈现出来了。（拉金）
- 这种情况经常发生在我和我弟弟身上。我会让弟弟先做出决定，这样他就不会总是模仿我了。（玛丽亚）

那么，梅西后来是怎么做的呢？

梅西意识到她的这位朋友可能是因为不够自信才会模仿自己。梅西自己小时候也会这样常常去模仿别人。于是，梅西开始鼓励她的这位朋友。梅西告诉朋友说自己喜欢听到她的想法。梅西的这位朋友认为自己不是好的艺术家。所以，在她们一起画画的时候，这位朋友还继续模仿

引领优质阅读
创造美好生活

获取更多图书内容
请扫该二维码 乐阅书单

 010-88379003、16601389360

易怒的男孩
刻意练习带孩子走出
情绪困境

用方法、练习，撕掉男孩易
怒的标签。帮他表达情绪，
而非情绪化表达。

不分心不拖延：
高效能孩子的八项思维技能
(实践版)

八大"执行技能"，提升孩子解
决问题的底层能力。25个实践练
习，帮孩子彻底告别分心拖延。
附赠实践手册。

5步儿童时间管理法
让孩子彻底告别磨蹭拖拉

5个步骤×11种超实用时间
管理工具，解决孩子8大时
间管理问题，让孩子做时间
的主人。

好妈妈不吼不叫
辅导孩子写作业

让孩子主动写作业、成绩倍增的
100+小方法。内附音频课程，做
有方法、不焦虑的父母！

30天高分学习法
轻松提升成绩的秘籍

幽默有趣的故事情节，简
单有效的学习方法，让孩
子30天实现学习逆袭，成
绩倍增。

可复制的极简学习法
四步轻松学出好成绩

畅销书作者、日本超人气学
习方法专家清水章弘新作！
让孩子从"讨厌学习"变为
"享受学习"！

好玩的金融
（全两册）
钱是怎么流动的
会存钱也会花钱

在漫画和图解中学习金融知识，树立健康的
金钱观，从小学会和钱做朋友。

小学生趣味心理学
培养执行技能的40个练习
发展共情能力的46个练习
学会应对焦虑的40个练习

心理学家为你提供126个互动练习，
培养孩子小学阶段3大关键心理技能。

给孩子的8堂思维导图课

全网畅销20万册。思维导图创始人东尼·博赞推荐的行业领袖，王芳、庄海燕鼎力推荐的思维导图教练，帮助孩子快速提升学习力。

这样说,孩子学习更高效

资深实战派教育专家李波老师,分享老师不说、家长不懂的亲子沟通方法,让孩子爱上学习就要这样说。

孩子如何交朋友
读懂儿童的友谊

理解儿童世界中的友谊规则,支持孩子在"交朋友"中成长。

对孩子说"不"
父母有边界,孩子守规则

用养育中的"边界感",培养自信、独立、有同理心的孩子。

真朋友,假朋友
给青春期女孩的友谊指南

畅销欧美的青春期女孩友谊指南,九大友谊真相,让女孩从小学会交朋友,远离社交孤立和校园霸陵!

亲子日课

6大成长维度,365个亲子陪伴工具,每天10分钟亲子时光,营造每日一次的"家庭仪式感"。

和孩子约法三章
支给零花钱的规则

小小零花钱,藏着孩子未来的大财富。

和孩子约法三章
使用手机的规则

手机是亲子沟通的桥,不是冲突的导火索。

解谜益智

**变形金刚
决战塞伯坦三部曲
创作集**

网飞动画首次推出创作设定集，
全面揭幕"塞伯坦三部曲"。

古蜀之谜纹蜀碑

三星堆考古主题，包含大型木质机
关的解谜游戏书，在家能玩的密室
逃脱游戏。

仙镜传奇

《镜之书》解谜游戏书的
前传故事。

镜之书：天启谜图

故宫主题的解谜游戏书，可
以去故宫实地探访解谜。

古蜀之珑岭无字碑

古蜀解谜游戏书系列第二部，
延续三星堆考古主题，创新木
质机关玩法。

逃脱游戏1

逃脱游戏2

逃脱游戏3

引进自法国的著名桌面密室逃脱游戏，演绎精彩的冒险故事，带领读者
走进奇幻的探险旅程。

亲子正念瑜伽

助力孩子成长、建立身心认知，使亲子共处变得更有趣、有意义。

动起来！
专业教练给孩子的体能课

全面的儿童体适能训练方案，详细讲解了提升体能素质的58个黄金动作。

你好青春期

心理学专家精选的50多个青春期心理咨询经典案例集，涉及孩子生活的方方面面，帮助读者更好地应对孩子的青春期。

陪孩子走过青春期

让家长和孩子度过开心快乐的青春期。

拥抱抑郁小孩
15个练习带青少年走出抑郁

15个亲子互动工具组成的一套抑郁应对方案，帮助孩子一步一步调整情绪、转变想法、改变行为。

从我不配到我值得
帮孩子建立稳定的价值感

畅销书《打开孩子世界的100个问题》作者新作！帮助孩子建立稳定的内在坐标，打开孩子的自爱之门。

我是妈妈更是自己
活出丰盛人生的10堂课

每一个妈妈都值得先照顾好自己！系统家庭治疗师写给妈妈的成长路线图。

立足未来
今天的孩子如何应对明天的世界

2023年中国创新教育年会年度十大推荐好书。帮助孩子们准备好应对快速变化且充满挑战的未来世界的必读书，提供了青少年立足未来的成长路线图。

小生活轻松过

漫画断舍离——
画风温暖，治愈人心。

我的小生活，先从一天
扔一件东西开始。

一个人的四季餐桌

既有硬核烹饪技巧，又有态度
和温度，国内首部本土化的
"一人食"料理书：伴你尝尽
四季时令之食，手把手陪你制
作96道精致一人食料理。

咖啡入门

冠军咖啡师的咖啡课

世界冠军咖啡师的趣味解
说，轻松入门的咖啡课。

我的咖啡生活

器皿+道具+咖啡豆+享受咖啡的
时间和空间，带给你不一样的生
活态度。

香事渊略

传承香火的美好之书

一本识香、品香、用香的美好之书。

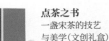

点茶之书

一盏宋茶的技艺
与美学（文创礼盒）

从宋代点茶技艺入手，将点茶美学和宋代美学在一套文创
产品中全面展现。

量化健身：原理解析　　**量化健身：动作精讲**

从解剖学、生理学、营养学角度
量化解析增肌减脂的动作、计
划、训练、饮食。训练内容配备
极其详细的动作技巧讲解、易错
点分析和纠正，助你充分理解动
作，提高健身效率。

户外探索教育系列工具卡

《森林实践活动指南》
《儿童户外探索活动指南》
《体验式教育经典游戏》

汇集一线创新教育机构精选的172项户外探索教育活动项目，国内首套能拉近孩子与自然关系的便携实用工具卡。

状元学习法

全书汇集十余位清华北大的状元在学习习惯、学习方法、目标管理等方面的优秀经验做法，包含4本书和30节视频课。

儿童情绪自控力
工具箱

美国"妈妈选择奖"获奖图书，引导孩子通过101个易用、有趣的小工具和小方法科学地调节情绪。

超会学习的大脑
中学生备考学习法
（学习套盒）

英国教育学家×香港中文大学心理学博士联袂打造，一套游戏化、可互动的学习大脑升级方案，帮你快速成为学习高手。

打开孩子世界的
100个问题

德国儿童与青少年心理学家写给父母和孩子的亲子沟通游戏书。100个脑洞大开的问题，开启一场亲子真心话、大冒险。

套盒

有人听到你

超级育儿师兰海凝练的实用家庭教育指南！为家长和孩子各自配备专属读本，围绕15个经典问题，帮助中小学生家庭解决实际问题，改善亲子沟通。

套盒

图书　　互动卡片　　成长记录本

像高手一样发言

公式+图解，解决公务员(体制内员工)当众讲话的七类难题。

像高手一样脱稿讲话

模拟场景+鲜活案例+口诀公式，系统、全面、专业的方法，助你轻松脱稿讲话。

朋友
理解友谊的力量

"150定律"提出者罗宾·邓巴关于友谊的最新研究成果；你在友谊中可能遇到的任何问题都会在这里找到答案。

人生拐角
生涯咨询师手记

本书是一位资深生涯咨询师多年咨询经验的呈现，也是对人生拐角这块指示牌的破译。

富足人生
智慧进阶的十二堂课

富足是一种持续追寻的状态；富足的状态是有迹可循的；12个工具，助你找到富足状态。

非凡心力
5大维度重塑自己

心力是一个人最底层的素质技能，是决定成功和幸福的最关键能力。

卓越关系
5步提升人际连接力

所有烦恼都是关系的烦恼。一切"为"你而来，而非"冲"你而来。变束缚为资源，化消耗为滋养。构建和谐关系，绽放完美自己。

如烟女士
去做生涯咨询

本书以一位典型职场人士在青年时期的实际生活案例为主线，详细介绍了应对不同生涯问题的解决思路及十七个实操工具。

职业重塑
四步完成生涯转型

助你找到正确职业方向，用更短的时间走更合适的路。

少儿成长

学汉字有方法

3000个常用汉字，15个识字主题，全拼音标注，趣味翻翻卡，通过童谣、成语、字谜、识字小游戏，帮助孩子轻松跨过识字关，早一步开启独立阅读！

瑞莉兔魔法有声英语单词

日常情境翻翻游戏，100面语音卡，智能双语插卡机，乖宝宝英语学习的好帮手。

瑞莉兔双语情境翻翻书(全四册)

42个主题场景，800个中英文词语，乖宝宝英语启蒙好朋友。

好玩的成语解字胶片书(全四册)

这既是一套从语文课本里精选出来的成语书，也是一套通过成语学习汉字的趣味胶片游戏书！

瑞莉兔奇妙发声书(全四册)

柔和美妙又有趣的声音，带给小宝宝们新奇的"视+听"阅读体验。

幼儿情景迷宫大冒险(共6册)

6大主题：自然、城堡、童话、人体、海洋、太空。挑战眼力和脑力！

我们的传统节日
春、夏、秋、冬

著名民俗学专家写给孩子的传统节日绘本，包含了春夏秋冬四季中的16个节日，配以童谣、字谜以及小手工游戏，让孩子轻松了解和传承传统文化。

在家就能玩的物理实验

专为6~12岁的儿童设计，附赠材料包，带你一起玩一系列有趣的科学实验。

零基础练就好声音

一开口就让人喜欢你。

不生气的技术　　**不生气的技术II**

生气时的消火秘籍+不生气的底层逻辑，系列狂销100万册，转变人生的契机，就从主导自己的情绪开始！

快速跨专业学习

4种知识迁移能力+5种解构知识方法+5种学习思维，助你快速成为具备跨专业学习能力的博学之人。

快速通过考试

本书分为考试前中后三大部分，涵盖学习方法、考试策略、考试技巧等，助你快速通过考试。

快速学习专业知识

本书从学习状态、收集和吸收信息、科学记忆法等六方面展开，告知读者如何快速学习专业知识并成为一个领域的专家。

快速阅读

7种预读方式+5种速读方法+5种记忆技巧，助你提升注意力，养成快速阅读的习惯。

快速掌握新技能

能让你更快速、深入和有效学习的各种工具和技术，八大板块打造学习闭环。

快速掌握学习技巧

4种课堂学习法+6种精通学习方式+7种时间管理法+8种记忆方法+5种应对考试策略，助你从容学习。

小手按读
巧学汉字Aipad

600个生字，600多个组词，用思维导图的方法学习汉字！

汉语拼音
点读AIpad

学龄前和小学阶段孩子适用，汉语拼音学习全套解决方案！

小手按读
逻辑数学AIpad

80张卡，1150道题，承接幼升小数学启蒙的发声学习机。

瑞莉兔
专心静静贴
（全四册）

一套宝宝可以一个人玩的静静贴。

童眼识天下

实景图片，带孩子领略世界的丰富和多元。

小手玩大车
（全两册）

以酷车、工程车为主题，内含翻翻、抽拉、大立体等工艺，锻炼孩子的精细动作，提升手眼脑协调能力。

瑞莉兔有声场景挂图

哪里不会按哪里，操作简单，测试练习，早教学习小帮手。

军事天地 经典童谣 交通工具 三字经 建筑工地 英文儿歌
海洋馆 唐诗 动物园 认识数字

金色童书坊
（共13册
彩绘注音版）

用甜美故事浸润孩子的心灵！

成功/励志

冲突沟通力

破解冲突的4个步骤+不同场景的17个沟通技巧+生动鲜活的家庭故事，助你轻松掌握化解冲突的能力！

转化羞愧，绽放关系

全方位探索羞愧、愤怒、内疚等不良情绪，提供了大量转化不良情绪的方法和练习。

366天平和生活冥想手册

荣获著名的富兰克林奖！每天10分钟冥想，浸润非暴力沟通智慧，引导你走向平和生活，远离混乱和冲突！

安居12周正念练习

一套融合了非暴力沟通与正念冥想的核心智慧，在家就能轻松实践、持续成长的12周练习指南。包括小组练习、一对一伙伴练习和个人练习。

反驳的37个技巧

令人尴尬的话题如何反驳？本书为你提供了37个反驳技巧，既让对方能接受，又让自己心里畅快。

他人心理学

破解行为密码，解读他人心理，从小动作瞬间了解他人心理，成为社交达人。

与谁都能轻松融洽地聊天！
闲聊的50个技巧

"今天天气真好啊！""是呀！"，然后再聊什么呢？本书会给你答案。

我的家人抑郁了

本书不仅是一本指导如何帮助家人战胜抑郁的实用手册，同时也是一本关心自己心理健康、预防抑郁的贴心指南。

梅西的画。不过，在梅西的鼓励下，这位朋友在穿衣服方面真的不再模仿梅西了。她开始另辟蹊径，创造了属于她自己的时尚穿搭。

如果你的好朋友总是想和你一模一样，你会怎么办呢？

_____

_____

_____

友谊的真相⑧：
当友谊中的事情变得棘手时，
以一种自己感觉正确的方式
做出回应

　　请记住，能够解决友谊中棘手问题的方法有很多。为了找到让你自己觉得正确而恰当的解决方案，你可以先拉个清单，列出你所有的可选项。

　　列出所有的可选项之后，你要判断哪一种解决办法会让你感觉最好。然后，去试试那个方法。如果不起作用的话，你就再去尝试其他的选项。友谊是一段处处充满挑战的旅程。你要直面那些挑战，而不是回避它们，因为这样做能帮助你改善你和朋友之间的友谊！

第八章
如何应对冲突
及霸凌

朋友之间的冲突是不可避免的。在前青春期和青春期的那些年里，朋友之间的冲突尤为常见。也许，你的朋友对别人分享了你的秘密，于是关于你的流言蜚语正在被四处传播；或者，你没有被邀请去参加某个朋友发起的聚会；或者，你说的话被朋友误解，引发了对方戏剧性的反应。

正如我们从第三章中学到的，误解和改变是友谊的一部分。我们每个人都会犯错误，会说一些我们希望自己没有说过的话，或者会做一些我们希望自己没有做过的事。而且，有些时候人们会为了达到某种目的而故意那样说或那样做。所有这些加在一起就形成了让人难以应对的林林总总的痛苦场景！

那么，你该怎样办呢？

首先，你要对出现的问题有清晰的理解，这对你来说是很有帮助的。人们常常会混淆朋友之间的冲突与霸凌。但这两者其实是有很大区别的。

冲突与霸凌的区别

冲突： 人与人之间的争斗或矛盾。

冲突是常见的现象。这本书中的大部分案例都属于这一类。引发冲突的原因有很多，比如对别人进行粗鲁的评论、感觉自己被他人排除在外、伤害他人的感情、未经对方同意公开发布有损对方形象的照片以及意见分歧，等等。以上这些只是造成冲突的诸多情况中的寥寥几个而已。

霸凌： 一个人或一个团体反复骚扰或伤害某些不太可能保护自己的人。实施霸凌的人往往比被霸凌的人在社交方面或生理发育方面有更多的优势。

随着科技的发展，霸凌行为已经延伸到了互联网上。网络霸凌，又称网暴，是指利用现代技术，如社交媒体、手机短信、电子邮件或互联网网站等，去羞辱、威胁或贬低他人。

无论你遇到的情况是冲突还是霸凌，都是很不容易应对的！

当我们遇到的事情属于冲突的级别时，是没有所谓"唯一正确"的回应方法的。在考虑了所有的可选方法之后，采用某一种或几种让你感觉正确而恰当的方式做出回应就可以了。

应对冲突的方法

- 照顾好你自己和你的情绪，这样你就能想得更清楚。
- 分析思考冲突的双方，了解自己在冲突中的角色。真实的情况往往比表面上看起来的要复杂得多。
- 必要时可以为自己的行为向对方道歉。
- 在尊重他人的同时也要为自己据理力争。
- 使用"我字句"来做出回应。
- 选择一个不会给当时的冲突情况增加更多恶意的回应。
- 选择让自己不陷入冲突。你可以决定放弃某些事情，因为它们对你来说不那么重要；或者你可以先看看事情会如何发展，然后再做出决定。

- 与某位值得你信赖的成年人聊一聊自己遇到的冲突，弄明白自己该做些什么。

应对冲突并不容易。如果你决定了要去和那个与你发生冲突的人进行交谈，那么你可以事先练习一下你准备要说的话，这样，在与对方交谈时你就会比较冷静而且自信。

接下来，去找一个比较私密的时间和地点与对方聊聊。要确保不让其他人卷入你们的冲突。你的目的是说出自己的真情实感，承担起自己的这部分责任，同时为对方保留体面。这可绝不是一项轻松简单的任务，而是一个需要长期练习的重要技能。

应对霸凌的方法

霸凌行为需要被制止，而且来源于成年人的帮助也许是非常必要的。如果你亲身经历或亲眼目睹了霸凌事件，那么以下是一些你可以采用的应对方法。

- 向某位值得信赖的成年人（学校辅导员、老师、家长）寻求帮助。如果你担心遭到报复，可以私下向某位成年人讲述那件霸凌事件。

- 如果你是旁观者，请站在更高的角度对霸凌事件做出中性的回应，这样你就不会给这种情况添加更多的恶意。

- 保持冷静，走开去往人多拥挤的地方或者帮助被霸凌的人离开现场。

- 提醒自己（或被霸凌的人）：你不该被如此对待，对方不可以这样做！

中性的回应：要用平静、自信的声音说出这些话，这样你就不会给予对方霸凌你的权力了。

"我希望你停下。"

"我不需要听这个。"

"嚯，这可真不友善啊。"

"很遗憾你今天过得不好。"

"我会直接忽略掉那条评论。"

"嘿，这件事可有点儿负能量。"

重要提示

如果霸凌的行为持续发生，那么你一定要
去获得某位值得你信赖的成年人的帮助。请记
住，没有人应该被这样对待。成年人可以帮助
你删除那些已经在互联网上发布的信息，可以
改变某些事来帮助你和其他人获得安全感。

詹娜的故事：被所有的朋友抛弃

　　詹娜和她的朋友们已经做了很多年的好伙伴，但是到了六年级，情况发生了变化。詹娜注意到，当她和这些朋友坐在一起时，她们会朝她翻白眼并且偷偷地笑。这些朋友似乎再也不愿意詹娜出现在她们的身边了。有时，朋友们甚至会刻意躲着詹娜。

詹娜感到非常困惑和受伤。她不知道自己做了什么事让朋友们现在如此对待自己，也不知道自己应该做些什么事才能改变这种情况。她一直希望事情会有所好转。但是，这种情况不仅没有好转，还变得更加糟糕了。詹娜的朋友们开始分享一些秘密的笑话，詹娜知道这些笑话都是关于她的。同时，那些朋友们还开始在学校散布说詹娜坏话的字条。

詹娜把那些朋友的行为告诉了妈妈好几次，但詹娜的妈妈并没有认真对待这件事。她认为詹娜是小题大做，夸大其词了。爸爸也对她大发雷霆。不过，当詹娜提出自己不想再去上学了的时候，詹娜的爸爸妈妈终于意识到了女儿所在的处境。

詹娜的妈妈为詹娜预约了与学校辅导员的面谈。在辅导员的帮助下，詹娜逐一分析了自己可以做出的选择，并且下定决心要为自己做出抗争。在下一回那些女孩又用“詹娜的秘密笑话”来嘲笑她时，詹娜站直身体，用平静的声音说道：“嚯，这可真不友善啊。”然后，她立即走开了。

虽然放弃原来的友谊，重新结交其他朋友的确不是一件容易的事情，但是詹娜意识到自己应该受到尊重。尽管花费了很多时间，但詹娜的确成功地结交到了一位新朋友。詹娜觉得和那位新朋友之间的友谊才是真正的友谊，因为那份友谊中充满了善意和接纳。

想一想你会怎么做

请阅读以下场景，并写出在这种情况下最适合你的一种回应办法。你可以使用本章中分享过的任何一种方法，也可以独创出你自己的方法。你可能会注意到，阅读这些场景会让你感到不舒服。通过做这个练习，你能让自己在需要应对这些情况的时候更有准备。

你会怎么做？

场景 1：一位你以前的朋友在散布关于你的谣言。现在，有些同学甚至都不和你说话了。

_____

_____

_____

场景 2：有个与你同班的同学经常被别人欺负。最近，你们班上的几个同学一直在取笑他、骂他。每次当老师离开教室的时候，这些同学都会再次开始欺负他。

_____

_____

_____

场景 3：某位朋友举办了一场聚会。你朋友圈中的所有人几乎都被邀请了，但唯独你却没有收到邀请。

_____

_____

_____

场景 4：描述一场你经历过或目睹过的冲突。如果那种冲突再次发生的话，写下你会如何应对。

_____

_____

_____

第九章
结交新朋友

苏菲的故事：永远是新生

"我妈妈的工作决定了我们家几乎每年都要搬家。我已经去过四所学校了。每当我刚刚习惯了新的城市、新的学校和新的朋友时，我就不得不重头再来。

每次被转到一所新的学校时，我都会非常担心。我不知道在那里结交新朋友会有多难。我不知道新学校的同学们是不是会喜欢我。不过，虽然我担心得肠子都打结了，但我还是会尽力对人微笑和表示友好。我猜想，没有人会愿意和脾气暴躁的人做朋友的。刚开始的几天，我会觉得有点孤独和尴尬，不过之后情况就会变得好一些，而且我也会遇到一些新朋友。"

结交新朋友

或早或晚，每个人都需要去结交新的朋友。可能是因为你最好的朋友搬走了，或者，因为你意识到和某位好朋友之间的友谊并不健康。然而，重新开始并结交新朋友这件事会让你感到害怕，因此，我们在这里会给出一些建议，它们或许可以帮到你。

- 知道自己想要什么样的朋友，让自己成为那样的朋友。
- 待人友善：通过微笑、打招呼、提问题等方法去了解其他人。
- 通过做你喜欢的事情去结识他人：参加某种课程、加入某个团队，等等。

当你遇到不认识的人时该说些什么？

假设你加入了一个团队，但你不认识任何人，或者你去参加一场聚会，但你只认识发起聚会的主人。在这些情况下，你该如何与你不认识的人开启谈话呢？

- 向对方说"你好"并且微笑。

- 向对方提出一些问题（你踢足球多久了？你是怎么认识今天过生日的那个女孩的？）。

- 认真倾听别人讲话。

- 分享关于你自己的事情。

结交新朋友：你会怎么做？

请阅读下面的每个场景并写下在这种情况下你会做些什么来结识新的朋友。请记住，人们会被积极、友好的人吸引，所以，展露微笑并且主动打招呼吧！大多数人都喜欢分享他们自己的事情，所以，向对方提问是开启谈话的一种非常有效的办法。

刚刚加入团队的新人：你刚刚加入某个体育活动小组。除你之外，小组中其他人似乎都非常了解彼此，而你还不认识其中的任何人。

_____

_____

_____

　　是时候交新朋友了：你意识到自己现在最好的友谊是不健康的，你需要中断这种友谊一段时间，是时候去交个新朋友了。

_____

_____

_____

生日派对上的尴尬时刻：你要去参加某人的生日派对。妈妈把你送到派对地点就离开了。你唯一认识的人是那个过生日的女孩，但是当天她真的太忙碌了，根本顾不上你。

_____

_____

_____

没有朋友和你同班：这是开学的第一天。你和一群你不认识的人被分配到了同一个班。

_____

_____

_____

重要提示

　　每个人都会有很多次不得不重新开始去结交新朋友的时候。你应该利用这种机会想想自己喜欢与身上有哪些品格的人交朋友以及自己身上的哪些品格会受到朋友的喜爱。你可以多多开发自己的兴趣，可以通过加入某个团体或者参加某个课程来结识新朋友。

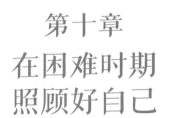

第十章

在困难时期
照顾好自己

　　友谊是美妙的、令人开心的，但也可能是艰难的、令人沮丧的。即使是最好的友谊也会有很多坎坷。当你感到沮丧、郁闷的时候，你该如何照顾好自己呢？

达芙妮的故事：被隐藏起来的情绪

"我的家是那种每个人都特别开心，每天大家都乐呵呵的家庭。我大部分时间都觉得自己生活在这样的家庭非常棒、非常好。但是，当我感到难过或者沮丧的时候，比如我在学校里遇到了特别难过的事情，我就不知道该怎么跟家里人说了。我认为坏情绪是不好的，我不应该有这种感觉。所以我对家人隐瞒了自己的感受，假装一切都很好。但是，这种情绪最终会爆发出来，让所有的人都大吃一惊。"

照顾好自己的情绪

当我们受伤或者生病时，我们知道要贴创可贴、要去看医生或者要卧床休息。但是当我们感到悲伤、愤怒或者孤独的时候，我们却会忘记照顾自己。照顾我们情绪上的健康和照顾我们身体上的健康是同样重要的。

以下是女孩们在情绪低落时可以用来照顾自己的一些方法：

- 我会和我的姨妈聊聊。她的确非常擅长倾听，她能让我感觉好一些。（米兰达）
- 我会去写日记。我会把自己的坏情绪写下来，这样做可以帮助我把它们梳理清楚。（卡莉）
- 我会带着我的狗去散步，并且做一些体育运动。（娜拉）
- 我会在我的房间里放松休息并且播放一些我最喜欢的歌曲。（克莱尔）
- 我会动手画画或者制作一件艺术品。发挥创造力能让我感到平静并且让我有专门的时间去思考。（克洛伊）

达芙妮的故事：被隐藏起来的情绪（后续）

"去年，有一位女士访问了我们班，她跟我们聊到了情绪的话题。她提到了所有类型的情绪，并且解释说每种情绪都是正常的，即使是让人感到痛苦的情绪。她帮助我们思考如何用健康的方法去管理坏情绪。所以，现在，当我注意到我在压抑自己的情绪时，我就会用写日记的方法来处理。这样做能帮助我把那些不好的情绪发泄出去，然后，我就会感觉好一些。"

创造一种只属于你的"照顾自己"的仪式

当你情绪低落的时候，是什么让你感觉更好一点的呢？你可以创造一种只属于你的仪式，用于在"感到艰难的时刻"来照顾自己情绪上的健康。所谓仪式，是指以某种方式进行的一系列活动。"先与一个值得信赖的成年人聊聊，然后再去洗个泡泡浴"的做法能帮你感觉更好一些吗？或者，"先慢跑一会儿，然后写日记"的做法是否更适合你呢？

当你情绪低落的时候，什么样的仪式能帮助你照顾好自己呢？

_____

_____

_____

赞美你自己

当你情绪低落的时候，记住自己"拥有许多特殊的品格"这件事是很有帮助的。你可以复印下面这一页，装饰它，填上空白的地方，然后，挂在你的房间里。

独一无二的我！

我拥有的一种积极向上的品格是：_____

我做得非常好的事情是：_____

让我感觉良好的事情是：_____

我的特殊之处在于：_____

我感恩的三件事是：_____

总是能让我感觉良好的人是：_____

重要提示

　　每一种情绪，即使是令人不舒服的情绪，都是正常的。你可以创造一种仪式，帮助自己在痛苦的时候感觉更好一些。照顾自己情绪上的健康是保持身心全面健康的重要组成部分。

友谊的真相⑨：
你可以自己选择发展哪种友谊，
你有能力建立健康的友谊

结　语

　　结交朋友和保持朋友关系都需要我们付出努力，但这都是值得的。拥有朋友能给我们的生活增添乐趣和笑声。朋友支持和接纳我们，就像我们支持和接纳她们一样。

　　我们在这本书中涵盖了很多的内容，探讨了友谊中许多被隐藏的真相。希望这些真相能对指导你现在和未来的友谊有所帮助。下面我们做个快速的回顾总结：

友谊的 9 个真相

- 真相①：健康的友谊让人感到安全及被对方接纳。
- 真相②：每个人会以不同的速度发展自己交朋友的技能。
- 真相③：友谊的发展有不同的阶段，并且会随着时间的推移而变化。
- 真相④：亲密的友谊不容易被找到，很可能要到中学或者更晚的时间才会出现。
- 真相⑤：有很多朋友的女孩可能反而没有"最好的朋友"。
- 真相⑥：每个人都会犯错误。
- 真相⑦：我们通过为自己发声来教会别人如何对待我们。
- 真相⑧：当友谊中的事情变得棘手时，以一种自己感觉正确的方式做出回应。
- 真相⑨：你可以自己选择发展哪种友谊，你有能力建立健康的友谊！

请记住，所有的友谊都会有起有落，而且会随着时间的推移而改变。你真正能管理的只有你自己，也就是说，让你自己成为你想要拥有的那种朋友。你可以把这本书放在手边随时翻阅，因为它会帮助你克服友谊道路上遇到的那些困难。

朋友就像星星，你并不总能看到她们，但你知道她们就在那里。当你练习与建立健康友谊相关的技能时，你就是在与他人分享最好的自己。这有助于你表现得更自信，也有助于他人焕发出独特的光彩。你已经完全明白了其中的道理，那就尽情闪耀吧！

番外篇：与友谊相关的一些点子

"自娱自乐"袋子：如果你发现自己在午餐时间或者课间休息时间总是独自一人的话，你能做些什么呢？你可以在书包里放一个袋子，里面装上一本书、一个日记本、一些彩色铅笔和一些小的游戏用具。如果你找不到可以和你一起玩的朋友，那你就可以从那个袋子里拿出一些有趣的东西来玩。

游戏点子卡：如果你和你的朋友们总是在决定要做什么这件事上浪费很多时间的话，你们可以制作一些游戏点子卡。也就是把你们最喜欢的游戏的名字写在卡片上。你们还要确保加入一些新的点子。下一次，当你们决定不了要玩什么游戏的时候，只需要随机抽出一张卡就可以了。

表决"如何做出决定"：当大家在一起玩而大家提出的想法很多时，让所有人以公平的方式决定该做什么是很必要的。以下是一些公平地做决定的方法：

- 按照少数服从多数的规则投票，得票最多的点子获胜。
- 轮流做决定适用于人数比较少的小组。每天可以由不同的人做决定（例如，朱迪在周一做决定，莎伊在周二做决定，以此类推）。
- 每个游戏都玩一小段时间。平均分配时间去玩每个游戏（例如，玩捉人游戏 10 分钟，玩四方格投球游戏 10 分钟）。

可以在读书会上讨论的问题

1. 与友谊相关的技能需要通过练习来获得。哪些交朋友的技能对你来说比较容易？哪些对你来说比较难？

2. "友谊金字塔"图表说明了友谊是会改变的，人也是会改变的，而且人与人之间的误解是普遍存在的。想一想，你是否有过一段在"友谊金字塔"上时升时降的友谊。当时你对这种变化感到轻松还是难过？为什么？

3. 所有情绪都是正常的，即使是那些令人感到不舒服的情绪也是正常的。当你经历一种不舒服的情绪时，你会做些什么来照顾你自己呢？

4. 当某位朋友对你不好时，你觉得"替自己发声"这件事对你来说是容易的还是困难的？如果是困难的，那么是什么阻碍了你呢？如果对你来说"替自己发声"这件事很容易的话，那么你在这么做的时候学到了什么呢？

5. 有时，人们会把冲突和霸凌混为一谈。在你们学校，冲突的情况是否很常见？霸凌的情况是否很常见？

6. 当你在学校或在网络上目睹或亲身经历霸凌时，你知道如何回应吗？什么事情能够帮助到你呢？

7. 结交新朋友是件很不容易的事。分享一个你结交新朋友的经历。你们是在哪里认识的？是怎么成为朋友的？

8. 这本书探讨了 9 个关于友谊的真相，并在最后一章对这些真相进行了汇总。哪一个友谊的真相对你特别有帮助呢？为什么？

9. 仔细看看这张关于友谊的真相清单。你是否想在这张清单上加一些其他的真相呢？如果是的话，你想要加上什么呢？

10. 哪一个关于友谊的真相是你希望自己能早点知道的？为什么？